Dalip Kumar
Vineeta Sharma
Umesh Bharti

Diversidade da flora apícola de Chandigarh

Dalip Kumar
Vineeta Sharma
Umesh Bharti

Diversidade da flora apícola de Chandigarh

Diversidade da forragem das abelhas melíferas

ScienciaScripts

Imprint

Cover image: www.ingimage.com

This book is a translation from the original published under ISBN 978-3-659-47775-1.

Publisher:
Sciencia Scripts
is a trademark of
Dodo Books Indian Ocean Ltd. and OmniScriptum S.R.L publishing group

120 High Road, East Finchley, London, N2 9ED, United Kingdom
Str. Armeneasca 28/1, office 1, Chisinau MD-2012, Republic of Moldova, Europe
Managing Directors: Ieva Konstantinova, Victoria Ursu
info@omniscriptum.com

Printed at: see last page
ISBN: 978-620-8-53744-9

ÍNDICE

PREFÁCIO

A criação da Khadi and Village Industries Commission para revitalizar as indústrias tradicionais das aldeias acelerou o desenvolvimento da apicultura. Durante a década de 1980, estima-se que cerca de um milhão de colmeias estavam a funcionar ao abrigo de vários programas da Khadi and Village Industries Commission. A produção de mel tem sido o principal objetivo desta indústria. A apicultura moderna inclui também a produção de cera de abelha, pólen colhido pelas abelhas, veneno de abelha, geleia real, própolis, bem como de abelhas de pacote, abelhas rainhas e colónias nucleares. Tudo isto só é possível com uma gestão correta das abelhas, utilizando os recursos vegetais locais e adaptando-se às condições climáticas locais. Isto resulta numa elevada eficiência e também garante a qualidade do mel processado. As matérias-primas para a indústria apícola são principalmente o pólen e o néctar provenientes de plantas com flor. Tanto a vegetação natural como a cultivada em Chandigarh e arredores constituem um imenso potencial para o desenvolvimento da apicultura. Cerca de 300 espécies de plantas com flores em Chandigarh, tanto selvagens como cultivadas, são úteis como fontes principais ou secundárias de néctar e polen.

A vegetação verde não se encontra apenas nas bermas das estradas, mas também nos parques abertos, no vale de lazer, no jardim das rosas, nas zonas florestais, nas zonas institucionais e nas casas dos residentes. A maior parte das árvores plantadas dá muitas flores durante as diferentes estações do ano e uma grande variedade destas flores é uma fonte rica de néctar. Foram efectuados levantamentos sistemáticos da flora de Chandigarh com o objetivo de examinar a época, a duração e a incidência da floração na flora de Chandigarh. A quantidade e a natureza do néctar produzido por diferentes espécies da flora também foram estudadas, bem como a potencialidade de cada espécie como fonte adequada para a alimentação das abelhas melíferas. Foi recomendado o desenvolvimento de um roteiro para futuras plantações em Chandigarh e áreas circundantes, tendo em conta a produção de néctar, o crescimento rápido e o potencial de sombra das árvores. Esperamos que este livro seja muito benéfico para a plantação de árvores adequadas na futura expansão da cidade e que seja útil para conhecer a capacidade total de forragem para abelhas da flora de Chandigarh, que poderia satisfazer as necessidades das operações apícolas em rápido desenvolvimento. Os autores agradecem especialmente ao Departamento de Ciência e Tecnologia (U.T.), Chandigarh, pelo financiamento ao abrigo do qual o presente trabalho foi efectuado.

fevereiro de 2016

Dalp Kumtar

Vineeta Sharma

Umesh Bharti

1. INTRODUÇÃO

Não obstante as devastações causadas por muitas espécies de insectos nocivos, existem algumas excepções notáveis de insectos amigos que prestam um serviço útil à humanidade. O primeiro e o mais importante dos insectos úteis é a conhecida abelha melífera, que é uma grande fonte de polinização para melhorar a produtividade das culturas e também produz mel, que é uma fonte útil de energia e de grande importância medicinal. Os dois outros subprodutos da atividade das abelhas são o pólen e o própolis. O segundo lugar entre os insectos úteis é ocupado pelas traças que preparam casulos de seda exploráveis. O inseto da laca segrega a goma-laca. A apicultura é a manutenção de colónias de abelhas melíferas, geralmente em colmeias, pelo homem. Um apicultor (ou apicultor) cria abelhas para recolher mel e cera de abelha, para polinizar culturas ou para produzir abelhas para venda a outros apicultores. Um local onde as abelhas são mantidas é designado por apiário. Um local onde as abelhas são mantidas é chamado de apiário ou "quintal de abelhas". As abelhas pertencem à família Apidae da superfamília Apoidaea. Esta família inclui tanto as abelhas solitárias como as que vivem em colónias.

As representações de humanos a recolher mel de abelhas selvagens datam de há 15.000 anos. Os esforços para as domesticar são mostrados na arte egípcia há cerca de 4.500 anos. Utilizavam-se colmeias simples e fumo e o mel era armazenado em frascos, alguns dos quais foram encontrados nos túmulos de faraós como Tutankhamon. Só no século XVIII é que os conhecimentos europeus sobre as colónias e a biologia das abelhas permitiram a construção da colmeia de favos móveis, para que o mel pudesse ser colhido sem destruir toda a colónia.

Existem mais de 20.000 espécies de abelhas selvagens. Muitas espécies são solitárias (por exemplo, as abelhas pedreiras, as abelhas cortadeiras (Megachilidae), as abelhas carpinteiras e outras abelhas que nidificam no solo). Muitas outras criam as suas crias em tocas e em pequenas colónias (por exemplo, as abelhas bumblebees e as abelhas sem ferrão). Algumas abelhas melíferas são selvagens, por exemplo, a abelha pequena (*Apis florea*), a abelha gigante (*Apis dorsata*) e a abelha da rocha (*Apis laboriosa*). A apicultura é a gestão prática das espécies sociais de abelhas melíferas, que vivem em grandes colónias de até 100.000 indivíduos. Na Europa e na América, a espécie universalmente gerida pelos apicultores é a abelha-melífera ocidental (*Apis mellifera*). Esta espécie tem várias subespécies ou variedades regionais, como a abelha italiana (*Apis mellifera*), a abelha escura europeia (*Apis mellifera*) e a abelha Carniolan (*Apis mellifera)* . Nas regiões tropicais, outras espécies de abelhas sociais são geridas para a produção de mel, incluindo a abelha asiática (*Apis cerana).* Todas as subespécies de *Apis mellifera* são capazes de cruzar e hibridar. Muitas empresas de criação de abelhas esforçam-se por criar e hibridar seletivamente variedades para produzir qualidades desejáveis: resistência a doenças e parasitas, boa produção de mel, redução do comportamento de enxameação, reprodução prolífica e disposição suave.

As abelhas vivem em colónias que apresentam uma elevada ordem de comportamento social, com castas diferentemente desenvolvidas que desempenham as suas próprias funções para o bem-estar da colónia. Para analisar a organização social de qualquer grupo de animais sociais, é essencial saber o que se entende por socialidade. O estudo de grupos de organismos inclui pequenas agregações, populações, espécies e comunidades. Todos eles apresentam um certo grau de unidade supra-individualista. O fenómeno da socialidade nos insectos sociais requer a existência de um padrão inato herdado para um comportamento especial.

A apicultura é uma indústria de pequena escala que se ocupa da domesticação das abelhas melíferas para a preparação de mel. Várias espécies de abelhas melíferas recolhem o néctar das flores e transformam-no em mel, misturando-o com pólen e secreções salivares. Algumas abelhas vivem em colónias, têm uma organização social bem desenvolvida e um sistema de castas adequado. As diferentes castas desempenham funções específicas.

As espécies de abelhas melíferas indianas são as seguintes

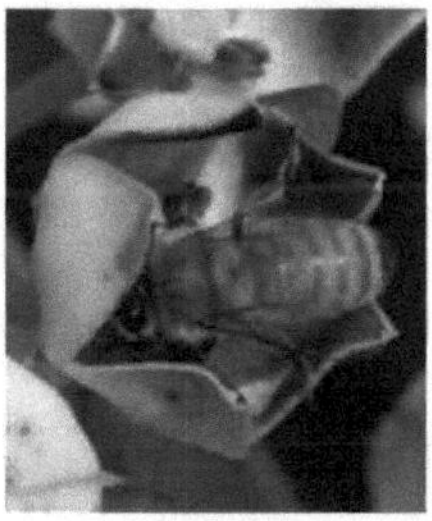

Apis mellifera

Apis florea

Apis cerana

Apis dorsata

NOME COMUM	NOME TÉCNICO	COMPORTAMENTO GERAL
A abelha-das-rochas ou abelha-gigante	*Apis dorsata*	Esta é a maior abelha melífera. Constrói um único favo grande e aberto em ramos altos das árvores e rochas, Produz grande quantidade de mel, mas é difícil de domesticar. É feroz, pica gravemente, provocando febre e por vezes até a morte.
O pequeno Abelha indiana	*Apis indica cerana*	É uma abelha de tamanho médio. A sua colmeia é constituída por vários favos paralelos em locais escuros, como cavidades de árvores, troncos, paredes de barro, postes de terra, etc. Esta abelha não é muito feroz e pode ser

	domesticada.
A pequena abelha*Apis florea*	O seu tamanho é pequeno. Constrói um único favo pequeno em arbustos, sebes, etc., mas a produção de mel é fraca.

Quadro que mostra a morfologia das diferentes espécies de abelhas

Existe uma espécie europeia, a *Apis mellifera*, que é uma espécie dócil, pode ser domesticada com facilidade e produz grandes quantidades de mel. Esta abelha foi introduzida no início dos anos cinquenta graças aos esforços do Dr. A.S. Atwal. Esta abelha já se adaptou adequadamente às condições da Índia.

As colónias desta abelha são atualmente mantidas por milhares de apicultores em todo o país e a produção de mel aumenta de ano para ano.

Abelha na flor de *Nerium*

2. COMPOSIÇÃO DA COLÓNIA

Cada colónia de abelhas é constituída por três castas distintas: a rainha, as operárias e os zangões. A rainha tem como única função a postura dos ovos e é a de maior tamanho. As operárias recolhem o néctar e o pólen e alimentam a criação, os zangões e a rainha. Desempenham igualmente outras tarefas na colmeia, como a limpeza, a manutenção da temperatura, a construção de câmaras de criação (células) e o transporte e armazenamento do mel. Também recolhem própolis, um material gomoso de diferentes plantas. A maior parte das actividades da colónia é controlada por secreções odoríferas, ou seja, feromonas. As operárias forrageadoras comunicam com as suas companheiras através de feromonas e de movimentos físicos que envolvem danças peculiares (dança circular e dança da cauda). A substância secretada pela rainha mantém as operárias informadas sobre o bem-estar da rainha. As operárias alimentam a larva jovem com geleia real ou leite de abelha, que consiste numa mistura de néctar, pólen e certas secreções. A larva que se vai transformar em rainha recebe a geleia nutritiva durante toda a sua vida enquanto as outras larvas que se transformam em operárias recebem este alimento apenas durante alguns dias.

A rainha (apenas uma fêmea funcional) põe cerca de quinze ovos de Lac no seu período de vida de 2 a 5 anos. Os ovos fertilizados dão origem a operárias (20 000-30 000, fêmeas estéreis) e à rainha, enquanto os não fertilizados dão origem a zangões (apenas alguns machos funcionais disponíveis antes da enxameação).

ZANGÕES (ABELHA MACHO): Os zangões são as abelhas maiores da colmeia, com quase o dobro do tamanho de uma abelha operária. Não trabalham, não procuram pólen nem néctar e só são produzidos para acasalar com as novas rainhas e fertilizá-las durante os seus voos de acasalamento. Os zangões são produzidos a partir de ovos não fecundados. A sua produção na colmeia é sincronizada com a produção das novas rainhas (virgens). Com 14-18 dias de idade, os zangões fazem o voo de acasalamento perseguindo a rainha virgem no ar. Os zangões podem viver até cerca de 60 dias, embora sejam picados e mortos após o acasalamento.

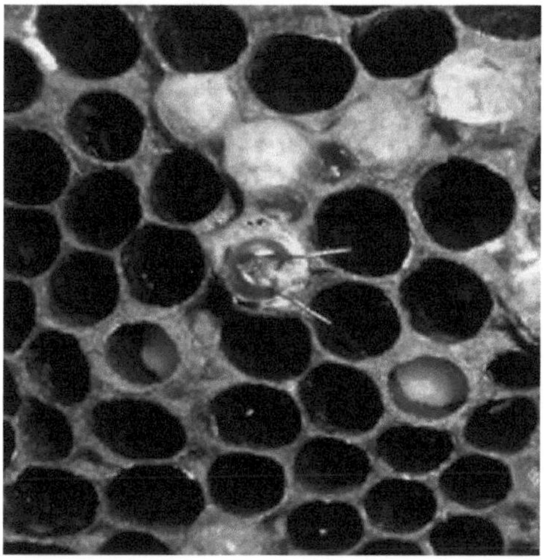

Abelha rainha: É a única fêmea perfeitamente desenvolvida, com ovários e outros órgãos do sistema reprodutor feminino bem desenvolvidos. As suas asas são mais pequenas e murchas. As partes da boca para sugar o alimento são mais curtas do que as das operárias. Vive 3 a 4 anos. Pode pôr ovos a uma taxa de 800 a 1500 por dia. Normalmente, aos 7-10 dias de idade na colmeia-mãe, depois de a velha rainha-mãe e algumas operárias terem partido para fundar outra colmeia, esta nova rainha virgem sai para os voos nupciais. Os zangões da mesma colmeia perseguem-na. A este enxame podem também juntar-se zangões (abelhas macho) de outras colmeias. Durante o voo, a rainha acasala, em média, com cerca de seis zangões e regressa à colmeia. Os espermatozóides que recebeu são suficientes para toda a sua vida e não volta a acasalar. A rainha possui um mecanismo de controlo da libertação dos espermatozóides da espermateca (armazém de esperma). Ela pode pôr dois tipos de ovos:

a) Fertilizados - ovos que dão origem a fêmeas (quer operárias estéreis, quer fêmeas férteis (novas rainhas).

b) Não fecundados - ovos que

produzir drones.

ABELHAS OPERÁRIAS*:* São fêmeas imperfeitamente desenvolvidas. São mais pequenas do que a rainha. Têm asas fortes para voar. Possuem uma probóscide grande e eficaz (peças bucais agrupadas como um tubo fino) para sugar o néctar. Apresenta um ferrão bem desenvolvido. As patas traseiras têm um "cesto de pólen" para recolher o pólen.

Os trabalhadores têm um tempo de vida de cerca de 35 dias.

DURAÇÃO (em Dias)	ACTIVIDADE FUNCIONAL
1-3	Limpeza de células e incubação
3-6	Alimentação das larvas mais velhas
6-10	Alimentação das larvas mais jovens
8-16	Receber mel e pólen das abelhas do campo
12-18	Fabrico de cera e construção de células
14 em diante	Guardas de entrada; procura de néctar e pólen

As diferentes tarefas que os trabalhadores desempenham em função da idade são as seguintes

Para procurar alimento, algumas abelhas batedoras saem de manhã. Ao encontrarem boas fontes de néctar (por exemplo, flores), regressam à sua colmeia e executam movimentos caraterísticos (danças das abelhas) no favo. Estas danças comunicam às outras abelhas operárias a distância e a direção da fonte de alimento. É assim que cada vez mais abelhas operárias são mobilizadas para a recolha de alimentos. As operárias visitam flor a flor, recolhem o néctar e o pólen e regressam ao seu ninho , seguindo as indicações da posição do sol, bem como de uma certa memória e, finalmente, do cheiro da sua própria colmeia

Diferentes fases de desenvolvimento:

Rainha: Ovo (3 dias)-Larva (3dias) --- Pupa (9 dias) Total: 15 dias

Trabalhador: Ovo (3 dias)-Larva (10 dias) --- Pupa (8 dias) Total: 21 dias

Zangão: Ovo (3 dias)-Larva (13dias) --- Pupa (8 dias) Total : 24 dias

Diferentes castas a emergir de diferentes células

A dança das abelhas: nesta dança, o meio da dança comunica às outras abelhas o ângulo da colmeia em relação ao sol. Seguindo a indicação deste ângulo, as abelhas têm de voar para alcançar a fonte de alimento.

APARECIMENTO DE UMA NOVA RAINHA E ENXAMEAÇÃO ANTIGA

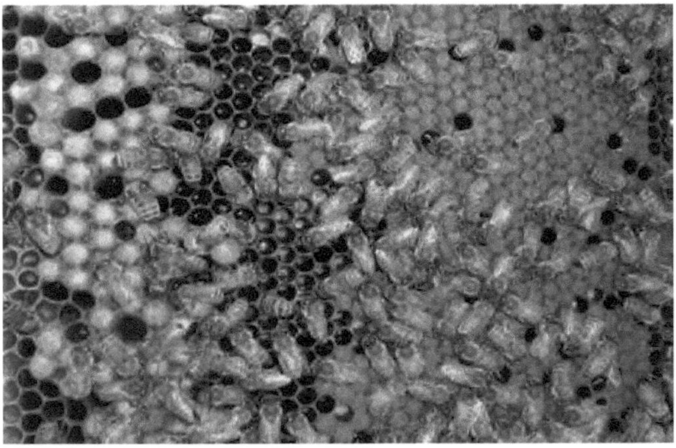

Quando a rainha envelhece, geralmente no terceiro ano, o seu corpo emite um estímulo químico para que as obreiras construam algumas células de criação

para as rainhas. Ela coloca um ovo fertilizado em cada uma dessas células de criação. As larvas são alimentadas com geleia real. Transformam-se em pupas e depois em rainhas. A primeira rainha a emergir da célula de criação mata as restantes. A rainha velha começa então a enxamear com uma mistura de operárias de todas as idades e deixa a colmeia velha para desenvolver uma colónia num novo local. A nova rainha da colmeia antiga faz um voo de acasalamento com os zangões e regressa à mesma colmeia.

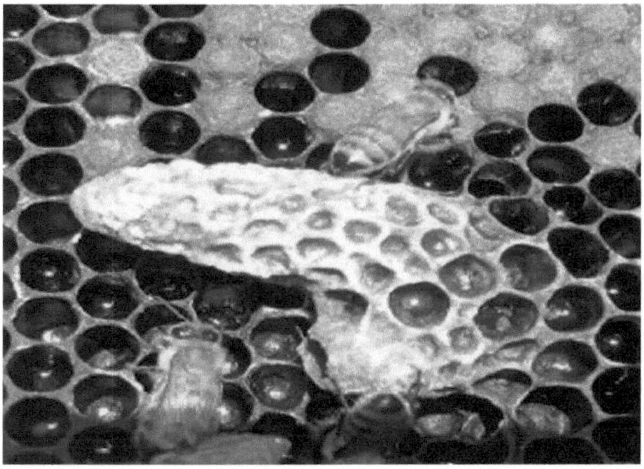

CÉLULA DA RAINHA

3. APICULTURA

APICULTURA E PRODUÇÃO COMERCIAL DE MEL

As abelhas produzem mel e cera, que são produtos valiosos e comercializáveis.

(a) Métodos autóctones de criação de abelhas

ESTRUTURA DA COLMEIA

Na domesticação, as abelhas são mantidas em caixas de madeira com dez quadros rectangulares. Cada quadro é munido de 5 a 6 pedaços transversais de arame grosso, de forma a poder suportar uma folha de cera marcada. A folha de cera é marcada com marcas hexagonais que se tocam entre si. Os operários constroem câmaras sobre as folhas marcadas e criam assim um favo completo. Existe

Também se coloca uma tábua de coroa no cimo de um telhado. As abelhas utilizam estas células para a criação das crias e para o armazenamento do mel e do pólen. As células que contêm os zangões em desenvolvimento são mais compridas do que as células destinadas às operárias. Os alvéolos da rainha são os maiores e de forma irregular, marcando a sua posição de destaque na colmeia. O néctar recolhido pelas obreiras é primeiro ingerido e depois devolvido à cultura. Durante este processo, uma série de enzimas e outras substâncias são misturadas com o néctar para o transformar no conhecido mel. A caixa inferior da colmeia é coberta por uma caixa semelhante denominada "Super". Entre a caixa inferior e a super inserem-se quadros com arames colocados a distâncias tais que não permitem a entrada da rainha na caixa superior, sendo esta utilizada apenas pelas operárias para a deposição do néctar e do mel.

O mel é extraído dos quadros da Super com a ajuda de uma máquina centrífuga. O mel bruto extraído é aquecido, arrefecido, filtrado e embalado em garrafas para ser comercializado. Muitos aldeões fazem colmeias fixas em espaços rectangulares nas paredes com um pequeno buraco ou colmeias móveis em caixas de madeira ou jarros de barro. Os apicultores tradicionais capturam enxames agrupados em árvores, arbustos, etc. e transferem-nos para os espaços acima referidos.

COLMEIA COMERCIAL

LIBERTAÇÃO DAS ABELHAS NA COLMEIA

(a) **Método tradicional**: Os apicultores tradicionais capturam os enxames nas árvores e transferem-nos para a colmeia, colocando uma tábua inclinada com um lençol branco à entrada da colmeia. As abelhas que se encontram no skep (cesto) são atiradas para a inclinação. O instinto das abelhas de se deslocarem para cima, para a escuridão, leva-as para a colmeia através da entrada.

(b) **Método rápido**: Neste método, retira-se o quadro superior da colmeia e os quadros e fecha-se a entrada. O esqueleto é intimamente ligado à colmeia e as abelhas são introduzidas na câmara de criação pela parte superior. Colocam-se na colmeia os quadros que contêm a cera estampada. Coloca-se o quadro de coroa na sua posição e abre-se a entrada. Deve assegurar-se que a rainha também entre na colmeia. De seguida, alimenta-se o enxame com xarope de açúcar, pois esta alimentação ajudará as abelhas a instalarem-se na sua nova casa.

4. GLÂNDULAS DA ABELHA MELÍFERA

TIPOS DE GLÂNDULAS:

1. **GLÂNDULAS MANDIBULARES NO TRABALHADOR:** É ativa nos trabalhadores e as suas secreções são constituídas por ácido (E)-10-hidroxi-2-dicenóico, que é um componente importante da geleia real.

2. **GLÂNDULAS MANDIBULARES DA RAINHA:** Esta glândula da rainha segrega a substância da rainha que consiste em ácido (E)-9-Ox-2-dicenóico. As operárias lambem a superfície do corpo da rainha e ficam a conhecer o bem-estar da rainha, além de ajudarem na formação das células da rainha.

3. **GLÂNDULA HIPOFARINGEAL:** Esta glândula nas operárias produz uma mistura complexa de lípidos, vitaminas e proteínas, a invertase, cuja secreção também faz parte da geleia real.

4. **GLÂNDULA TORÁCICA**: Esta glândula está presente nos últimos tarsómeros das operárias e ajuda na comunicação entre as operárias. A glândula produz uma fermona oleosa "Foot Print Phermone".

5. **GLÂNDULA DE ALARME:** A secreção desta glândula chama-se alarmante

feromona e constituída por acetato complexo que atrai outras abelhas

6. **GLÂNDULA VASANOVS ou GLÂNDULA ABDOMINAL**: É constituída por Citral, Geraniol, Neurol, Forsenol, Ácido Gerânico, Ácido Nerólico. Atrai as operárias para o alimento e durante a enxameação.

7. **GLÂNDULAS DE CERA**: Existem oito glândulas-espelho produtoras de cera na face interna dos esternitos das abelhas operárias.

5. PRODUTOS DA ABELHA

(a) A geleia real é constituída quimicamente por lipoproteínas, glicéridos neutros, ácidos gordos livres, açúcares, aminoácidos, adenina, adenosina, guanosina, adenosina monofosfato, um espetro completo de vitaminas, acetilcolina, uma grande quantidade de ácido pentoténico, ferro, cobre, fósforo e enxofre. É basicamente responsável pelo desenvolvimento da rainha.

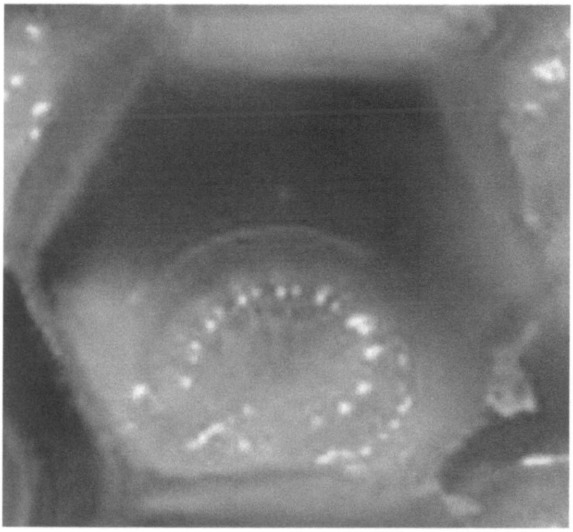

(b) VENENO DE ABELHA: É um líquido transparente com sabor amargo. É constituído por proteínas de baixo peso molecular e fosfatos que separam o ácido oleico da lecitina e o em liso-lecitina, actuando também sobre as lipoproteínas das células para libertar histamina. Pode ser utilizado para curar o reumatismo.

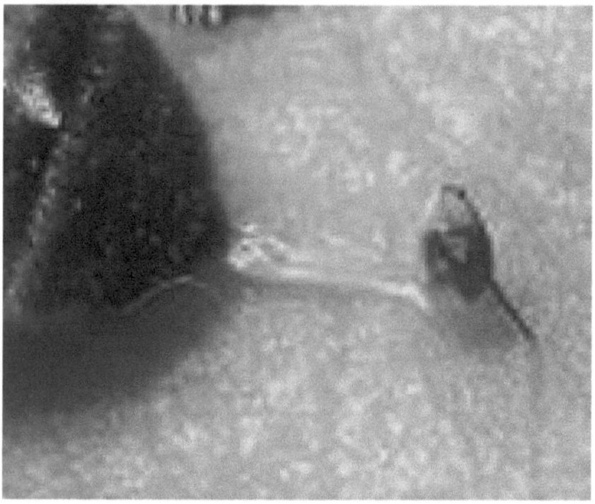

(c) CERA DE ABELHA: A cera de abelha é segregada pelas glândulas de cera situadas na parte inferior dos últimos quatro segmentos abdominais (4.º a 7.º) da abelha operária. É insolúvel em água, mas solúvel em éter, e é constituída por álcoois de número par, variando entre

C24 a C 36, ácidos gordos de número par, de C24 a C34, e parafina normal de número ímpar, de C24 a C 37. Esta cera é utilizada na construção de favos de abelhas, nos quais se desenvolve a colónia das abelhas. É igualmente utilizada pelo homem no fabrico de velas, preparações farmacêuticas, cosméticos, preparação de vernizes e tintas, impermeabilização e enceramento de fios.

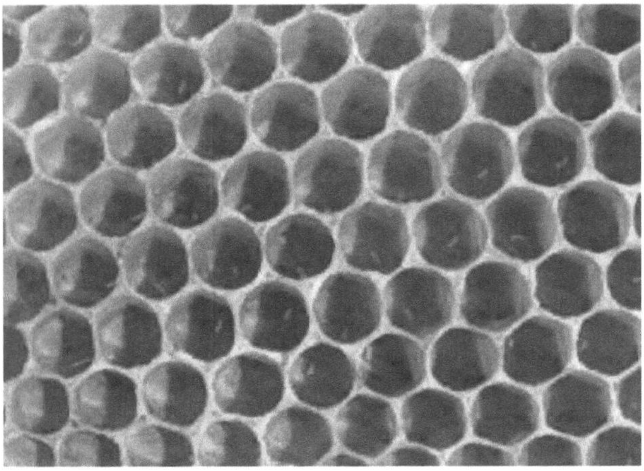

(d) MEL: O mel é um alimento para as abelhas e as suas larvas. Grandes quantidades de mel são armazenadas na colmeia para satisfazer a procura em caso de escassez. Quimicamente, o mel é uma solução aquosa viscosa de açúcar. A sua composição aproximada em percentagem é a seguinte

- **Açúcares**: 70-80 % (Laevulose (38,19%), Dextrose (21,28%), Maltose e outros açúcares (8,81%), Enzimas e pigmentos (2,21%), Cinzas (1,0%) e água (17-20%), mais de 80% dos açúcares consistem em Frutose e Glucose, minerais, vitaminas, pólen, proteínas e aminoácidos (2%), minerais, vitaminas, pólen e aminoácidos (2%). 17-20%), mais de 80% dos açúcares consistem em frutose e glucose, minerais, vitaminas, pólen, proteínas e aminoácidos (2%)
- **Pigmentos:** O caroteno, a clorofila e a xantofila são os pigmentos

importantes do mel.

- **Minerais:** Potássio, Cálcio, Fósforo, Sódio, Magnésio, Manganês, Cobre, Enxofre, Sílica e Ferro são os minerais presentes no mel.

- **Vitaminas:** Vitamina B1 (Tiamina), B2 (Riboflavina), Ácido nicotínico, Vitamina K, Ácido fólico, Ácido ascórbico e Ácido pantoténico são as vitaminas presentes no mel.

A composição do mel e os seus diferentes sabores dependem do tipo de flores de onde o néctar é recolhido. O néctar é aspirado das flores e misturado com saliva. É engolido numa região especial do intestino chamada estômago de mel. O néctar é um dissacárido (sacarose) que é hidrolisado pela amilase salivar para produzir monossacáridos (frutose e glicose). O mel assim produzido é ainda muito diluído. Depois de o colocarem nos alvéolos da colmeia, as abelhas "abanam" com as asas para evaporar o excesso de água e levar o mel à concentração desejada.

(e) UTILIZAÇÕES DO MEL

- É um alimento nutritivo, rico em energia e vitaminas.

- É utilizado como veículo em medicamentos ayurvédicos e unani. Actua como

- É um laxante e previne a constipação, a tosse e a febre.

- É utilizado em cerimónias religiosas.

- É utilizado no fabrico de bebidas alcoólicas e de loções de beleza.

- É utilizado na investigação científica para a produção de culturas bacterianas.

- Também é utilizado para fazer iscos venenosos para certas pragas de insectos.

(f) **PÓLEN DE ABELHA**: É a parte masculina da flor de uma flor que é recolhida pelas abelhas e misturada com as suas próprias enzimas digestivas. É constituído por cerca de 25-30 % de proteínas que contêm pelo menos 18 aminoácidos e é também rico em minerais, vitaminas e hormonas. O pólen de abelha possui propriedades anti-oxidantes.

(g) **A PRÓPOLIS** : As abelhas recolhem esta "cola de abelha" e transportam-na para a colmeia, onde é misturada com flocos de cera segregados por glândulas especiais situadas na parte inferior do abdómen das abelhas. É utilizada para forrar o interior dos alvéolos de criação, para preparar a postura dos ovos da rainha. É constituído por 50% de compostos resinosos e bálsamos, 35% de cera de abelha, 10% de óleos aromáticos e 5% de pólen de abelha. Possui propriedades anti-sépticas, antifúngicas e antibacterianas.

PRÓPOLIS

COLHEITA E TRANSFORMAÇÃO DOS PRODUTOS DA ABELHA

O mel, a cera de abelha, a geleia real, o veneno de abelha, a própolis e o pólen são os produtos apícolas mais importantes. O mel é colhido no final da época de floração. Nas colmeias tradicionais, o apicultor seleciona os favos que contêm mel maduro coberto por uma fina camada de cera de abelha branca, geralmente os mais próximos do exterior do ninho. O mel é extraído apenas dos super favos com um extrator de mel . Antes de se colocar o mel no extrator, retira-se o selo das células do favo com uma faca afiada. No início, trabalha-se lentamente com o extrator a cerca de 150 rpm durante 1 a 2 minutos. Em seguida, invertem-se os lados dos quadros e volta-se a trabalhar com o extrator. O mel extraído é filtrado num pano de musselina. Na véspera da extração do mel, a criação de abelhas entre a criação e o alvéolo é evitada. Durante a época de escassez (maio-setembro), retiram-se as câmaras de criação e colocam-se na câmara de criação os favos de criação sãos disponíveis. A alimentação artificial é efectuada uma vez por semana, fornecendo xarope de açúcar 1:1 em água. Quando há escassez de fontes naturais, podem ser fornecidos substitutos de pólen na colónia.

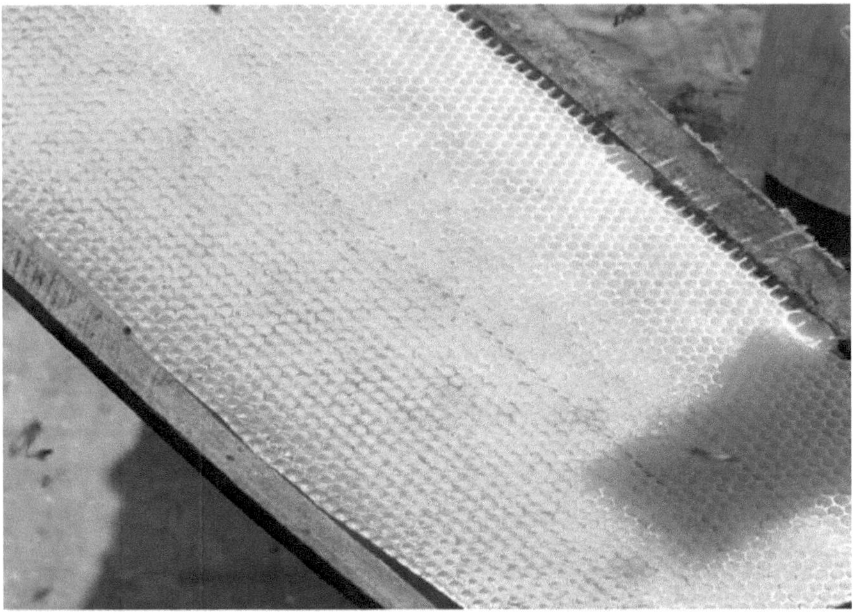

6. PRAGAS E DOENÇAS DAS ABELHAS

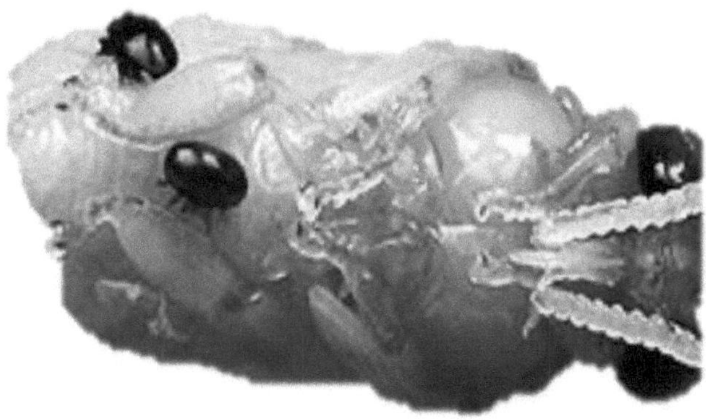

A abelha indiana está comparativamente isenta de muitas doenças infecciosas, com exceção do vírus da cria-sacra tailandesa. Noutros países, sabe-se que a abelha italiana é suscetível a doenças como a criação suja, a criação de saco, as doenças da Acarina, etc. No nosso país, os inimigos das abelhas são mais perigosos do que as doenças, pois muitas colónias foram abandonadas pelas abelhas devido ao ataque dos inimigos.

(A) PRAGAS DAS ABELHAS MELÍFERAS

(i) A traça-da-cera, *Galleria mellonella L.*, tem uma distribuição mundial e a sua ocorrência tem sido registada desde os primeiros tempos

(ii) A formiga preta, *Camponotus compressus, a formiga* vermelha doméstica, *Dorylus labiams* e *Monomorium* spp. são inimigos perigosos da abelha. Atacam as colónias fracas e levam o mel, o pólen e a criação.

(iii) Vespas: A *Vespa cincta* F. é uma vespa grande com uma banda transversal larga no abdómen. É um inseto social que constrói ninhos de papel em espaços ocos. Espera à entrada da colmeia e apanha as abelhas à saída, macerando-as para alimentar as crias com o seu sumo.

(iv) Escaravelhos da cera: O escaravelho tenebrionídeo, *Platybolium alvearium* B., encontra-se nas colmeias em condições pouco higiénicas, alimentando-se de detritos e de favos velhos em colónias fracas. O exame periódico dos favos vazios e a limpeza regular das tábuas do fundo podem controlar o inimigo.

(B) DOENÇAS DAS ABELHAS MELÍFERAS

Há uma série de doenças que afectam as abelhas na Índia. As principais doenças que afectam as abelhas são a Acarina e *o Nosema,* que afectam as abelhas adultas, e as doenças da criação, que afectam as larvas.

(i) **Doença de Nosema**: Esta doença é causada por um protozoário, *Nosema apis.* A infestação por *Nosema* provoca disenteria. As moscas não conseguem voar e libertam excrementos nos favos, nos quadros e no chão em frente da colmeia. A doença afecta principalmente o voo durante o tempo frio. Um antibiótico conhecido por Fumagillin é útil para controlar a infeção.

(ii) **Doenças da criação**: As crias de abelhas sofrem de uma série de doenças. A perda de criação afecta a força da colónia. As abelhas adultas não são afectadas pelas doenças das crias, mas podem propagar os organismos doentes. As doenças da criação são mais graves do que as doenças dos adultos.

A loque europeia e a loque tailandesa são comuns na Índia.

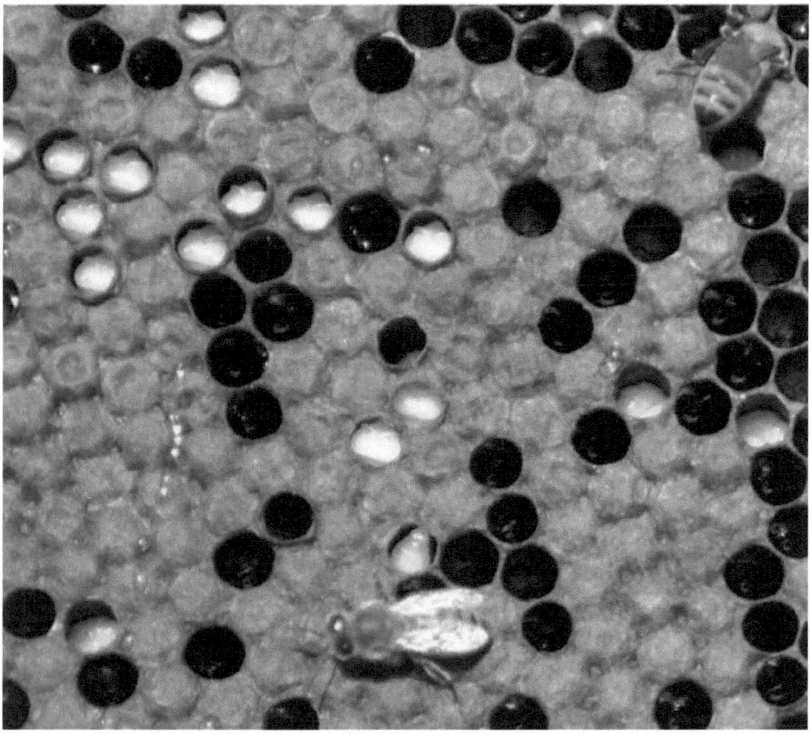

7. ÁREA ESTUDADA

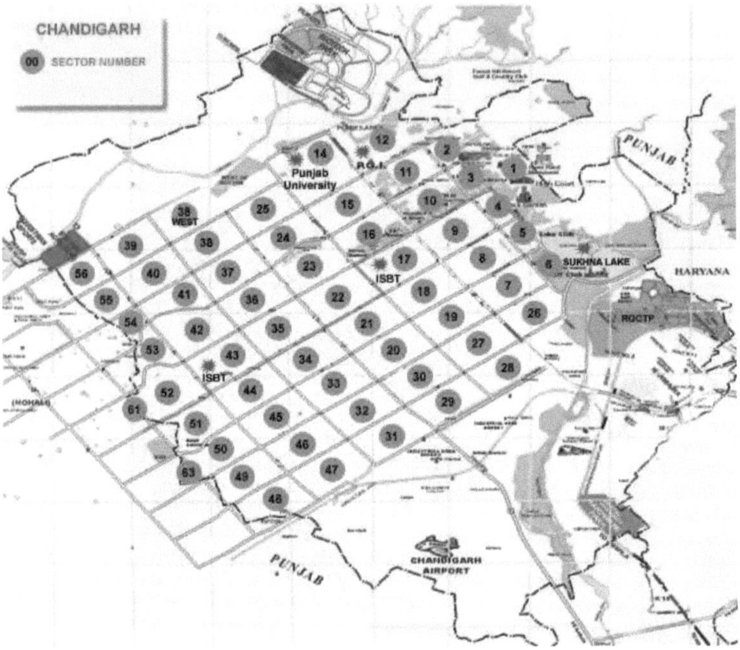

Foram efectuados levantamentos exaustivos tendo em conta os recursos florais disponíveis. Os pormenores da área abrangida pelo presente estudo.

- Vale do Lazer (Setor-10)
- Parque Bougainvillea (Setor-3)
- Zakir Rose Garden (Setor-16)
- Parque das Borboletas (Setor-26)
- Shanti Kunj (Setor-16)
- Hibiscus Garden (Setor-36)
- Jardim de Fragrâncias (Setor-36)
- Jardim Botânico (Sarangpur)
- Jardim de topiaria (Setor-35)

- Jardim do terraço (Setor-33)
- Áreas institucionais de ensino
- Universidade de Panjab
- Zonas florestais
- Santuário de Vida Selvagem de Sukhna
- Sukhna choe Reserva florestal
- Florestas da Reserva do Lago
- Zona florestal de Kansal

8. PASTAGEM DE ABELHAS

As plantas que produzem néctar e pólen são coletivamente designadas por "pasto apícola". As árvores de fruto, as plantas ornamentais e as árvores florestais constituem importantes pastagens para as abelhas. O néctar é a secreção doce das flores. É a matéria-prima do mel. O pólen fornece a matéria-prima necessária para o alimento principal da criação.

Devido à grande variação das condições climáticas e da temperatura, esta região é adequada para o cultivo de várias plantas polivalentes. O sucesso da apicultura está relacionado com a disponibilidade de plantas apícolas. No entanto, para manter a flora apícola, a multiplicação de espécies vegetais é importante para a tornar sustentável. Há uma diversidade de plantas que florescem em diferentes estações e as abelhas visitam essas plantas para obter pólen e néctar. Com base no estado de origem de 112 espécies de plantas pertencentes a 40 famílias, foram identificadas como flora apícola importante de Chandigarh. A flora apícola estudada pertence a 41 espécies de árvores, 8 espécies de arbustos e 63 espécies de ervas (Figura 1). Com base na frequência do número de visitas das abelhas e na abundância da flora, foram ainda classificadas em 3 grupos: 82 espécies de plantas foram reconhecidas como excelente fonte, 20 como boa fonte e as restantes 10 como fonte média (Figura 2).

O verão é a altura de armazenar os excedentes alimentares, pois há mais flora no campo e os dias são longos. As abelhas armazenam mel suficiente para o inverno. Os meses de abril e maio são geralmente considerados como o período de fluxo de néctar. Depois do fluxo de mel, chegam os meses quentes de junho e julho, quando a maior parte das colónias pára a criação de abelhas nas colinas mais baixas e nas planícies. A flora principal da época de verão apresenta o maior número de plantas em comparação com as outras e os membros da família Compositae são mais dominantes na flora apícola. dezembro-janeiro (estação de inverno) e junho-agosto (estação das chuvas) foram identificados como o período de escassez, com plantas com flores a baixas temperaturas e alguns legumes a florescerem durante a estação das chuvas. Devido à chuva contínua e, consequentemente, à flutuação da temperatura, este período também se revelou desfavorável para a alimentação das abelhas. Este ano, observou-se a ocorrência de dias de chuva durante os meses de março e abril.

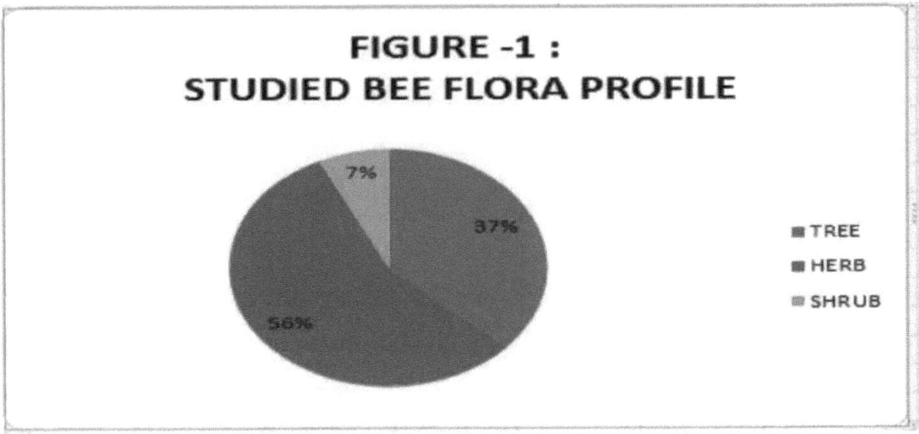

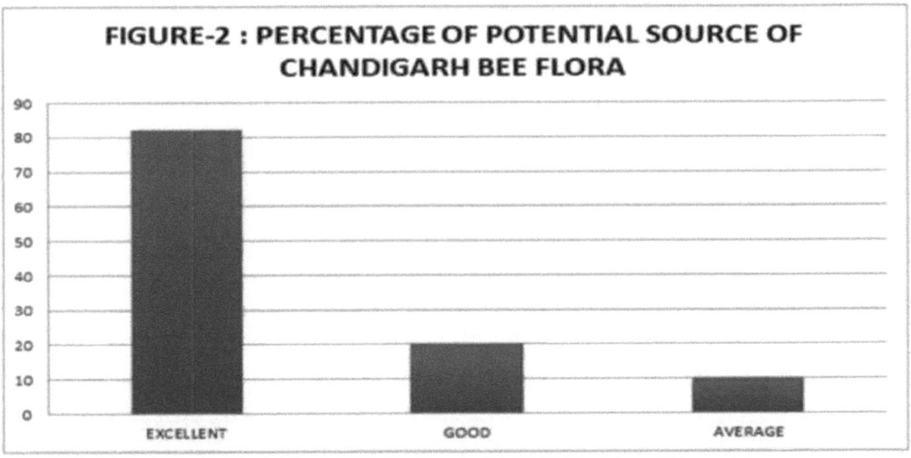

O presente estudo foi realizado de julho de 2014 a junho de 2015, das 5h30 às 18h30, mas durante o mês de dezembro a fevereiro, das 8h30 às 14h00, em Chandigarh e arredores. O estudo incluiu a observação das actividades das abelhas em flores de diferentes espécies de plantas. Sempre que as abelhas eram encontradas nas flores dessas plantas, o seu comportamento de forrageamento era observado durante um período de 7 a 10 minutos. A planta foi classificada como espécie forrageira se pelo menos três abelhas visitaram as flores simultaneamente num período de 6 a 8 minutos após a observação. Também se observou que, nas primeiras horas de forrageamento, as abelhas operárias estão geralmente cada vez mais ocupadas na recolha de pólen

Os pormenores da diversidade da flora nectarífera das abelhas / Calendário Floral de Chandigarh, realizada entre julho de 2014 e junho de 2015, são apresentados a seguir. 112 espécies de plantas diferentes (Fotos 1-122) pertencentes a 41 espécies de árvores, 8 espécies de arbustos e 63 espécies de ervas de 40 famílias foram como plantas forrageiras para as abelhas durante o trabalho.

9. FORRAGEM PARA ABELHAS MEDICINAIS (PLACA :1- 5)

Nome Botânico: *Azadirachta indica* (L.)

Nome comum: Neem

Família : Meliaceae

Hábito : Árvore

Período de floração: abril-maio

Fonte potencial de néctar: Excelente (FOTO :1)

Nome Botânico : *Phyllantus emblica* L.

Nome comum : Amla

Família : Phyllanthaceae

Hábito : Árvore

Florescer Período : fevereiro - março

Fonte potencial de néctar : Excelente (FOTO :2)

Nome Botânico: *Eucalyptus obliqua* L'Heritier

Nome comum: Safeda

Família : Myrtaceae

Hábito : Árvore

Período de floração: novembro - março

Fonte potencial de néctar: Excelente (FOTO :3)

Nome Botânico : *Eugenia jambolana* Lam.

Nome comum : Jamun

Família : Myrtaceae

Hábito : Árvore

Período de floração : março- abril

Potencial fonte de néctar : Excelente (FOTO :4)

PLATE-1 : MEDICINAL PLANTS

PHOTO-1
Azadirachta indica

PHOTO-2
Phyllanthus emplica

PHOTO-3
Eucalyptus obliqua

PHOTO-4
Eugenia jambolana

Nome Botânico : *Butea monosperma* (Lam.)

Nome comum : Chama da floresta

Família : Fabaceae

Hábito : Árvore

Período de floração: fevereiro - abril

Fonte potencial de néctar: Excelente (FOTO: 5)

Nome Botânico : *Saraca asoca* (Roxb.)

Nome comum : Árvore Sita Ashoka

Família : Fabaceae

Hábito : Árvore

Período de floração: março- abril

Fonte potencial de néctar: Excelente (FOTO: 6)

Nome Botânico : *Woodfordia fruticosa* (L.)

Nome comum : Dhatiki

Família : Lirtáceas

Hábito : Árvore

Período de floração: abril - maio

Potencial fonte de néctar : Excelente (FOTO: 7)

Nome Botânico : *Asclepias tuberosa* (L.)

Nome comum: Leite de borboleta

Família : Apocynaceae

Hábito : Erva

Período de floração: março- abril

Fonte potencial de néctar: Excelente (FOTO: 8)

PLATE -2 : MEDICINAL PLANTS

PHOTO-5
Butea monosperma

PHOTO-6
Saraca asoca

PHOTO-7
Woodfordia fruticosa

PHOTO-8
Asclepias tuberosa

Botânica Nome : *Murraya koenigii* (L.)

Nome comum : Curry Patta

Família : Rutaceae

Hábito : Árvore

Florescer Período : março-abril

Fonte potencial de néctar: Excelente (FOTO: 9)

Nome Botânico : *Vitex negundo* L.

Nome comum : Nirgundi

Família : Lamiaceae

Hábito : Arbusto

Período de floração : março- abril

Fonte potencial de néctar: Excelente (FOTO: 10

Nome Botânico : *Justica adhatoda* L

Nome comum : Adhatoda

Família : Acanthaceae

Hábito : Arbusto

Período de floração: fevereiro - março

Fonte potencial de néctar: Excelente (FOTO: 11)

Nome Botânico : *Ocimum tenuiflorum* L.

Nome comum : Shyam Tulsi

Família : Lamiaceae

Hábito : Erva

Período de floração: março

Fonte potencial de néctar: Excelente (FOTO: 12)

PLATE- 3 : MEDICINAL PLANTS

PHOTO-9
Murraya koenigii

PHOTO-10
Vitex negundo

PHOTO-11
Justica adhatoda

PHOTO-12
Ocimum tenuiflorum

Nome botânico : *Ricinus communis* L

Designação usual : Rícino

Família : Euphorbiaceae

Hábito : Erva

Período de floração: fevereiro - março

Fonte potencial de néctar: Excelente (FOTO: 13)

Nome Botânico : *Ocimum sanctum*

Nome comum : Ram Tulsi

Família : Lamiaceae

Hábito : Erva

Período de floração : março - abril

Fonte potencial de néctar: Excelente (FOTO: 14)

Nome Botânico : *Barleria lupulina* Lindl.

Nome comum : Kuranta

Família : Acanthaceae

Hábito : Erva

Período de floração: março - abril

Fonte potencial de néctar: Boa (FOTO: 15)

Nome Botânico : *Citrus lemon* L.

Nome comum : Neebu

Família : Rutaceae

Hábito : Arbusto

Período de floração: fevereiro - março

Fonte potencial de néctar: Excelente (FOTO: 16)

PLATE-4 : MEDICINAL PLANTS

PHOTO-13
Ricinus communis

PHOTO-14
Ocimum sanctum

PHOTO-15
Barleria lupulina

PHOTO-16
Citrus lemon

Nome botânico: *Bauhinia variegata* L

Nome comum : Kachnar

Família : Caesalpiniaceae

Hábito : Árvore

Período de floração: fevereiro - março

Fonte potencial de néctar: Excelente (FOTO: 17)

Nome Botânico : *Tamarindus indica* L.

Nome comum : Imli

Família : Fabaceae

Hábito : Árvore

Período de floração: abril - maio

Fonte potencial de néctar: Excelente (FOTO: 18)

Nome botânico : *Silybum marianum* (L.)

Nome comum : Cardo mariano

Família : Asteraceae

Hábito : Erva

Período de floração : fevereiro - março

Fonte potencial de néctar: Excelente (FOTO: 19)

Nome Botânico : *Punica granatum* L.

Nome comum : Annar (Romã)

Família : Lirtáceas

Hábito : Pequena árvore

Período de floração: março - abril

Fonte potencial de néctar: Excelente (FOTO: 20)

PLATE -5 : MEDICINAL PLANTS

PHOTO-17
Bauhinia veriegata

PHOTO-18
Tamarindus indica

PHOTO-19
Silybum marianum

PHOTO-20
Punica granatum

(PLACA : 6)

Colmeia de abelhas no campus PGGCG-42 (FOTO: 21)

Colmeia de abelhas no jardim do terraço, Setor-33, Chandigarh (FOTO: 22)

Colmeia de abelhas numa zona florestal perto do Setor-26 (FOTO: 23)

Colmeia de abelhas em Kaimbwala (FOTO: 24)

PLATE-6 : HONEY BEE HIVES IN WILD

PHOTO: 21
BEE HIVE IN PGGCG-42
CAMPUS

PHOTO ; 22
BEE HIVE IN TERRACE
GARDEN

PHOTO :23
HIVE IN FOREST AREA
NEAR SECTOR-26

PHOTO :24
BEE HIVE IN
KAIMBWALA

10. FORRAGEM PARA ABELHAS ORNAMENTAIS (PLACA: 7-16)

Nome botânico : *Callistephus chinensis* (L)

Nome comum : Aster da China

Família : Asteraceae

Hábito : Erva

Período de floração : novembro - março

Fontes potenciais de néctar : Boa (FOTO : 25)

Nome botânico : *Verbena x hybrida* L

Nome comum : Verbena

Família : Asteraceae

Hábito : Erva

Período de floração : novembro - março

Fonte potencial de néctar: Boa (FOTO: 26)

Fotografia de atividade no terreno (FOTO: 27)

Nome botânico : Phlox sp.

Nome comum : Phlox

Família : Polemoniaceae

Hábito : Erva

Período de floração : novembro - março

Fonte potencial de néctar: Boa (FOTO: 28)

PLATE-7 :ORNAMENTAL

PLATE-25
Callistephus chinensis

PLATE-26
Verbena x Hybrida

PLATE-27
CAPTURING SHOT IN GARDEN

PLATE-28
Phlox sp.

Nome Botânico : *Calendula officinalis* L.

Nome comum : Calêndula de jardim

Família : Asteraceae

Hábito : Erva

Período de floração : janeiro - março

Fonte potencial de néctar: Excelente (FOTO: 29)

Nome Botânico : *Dahlia pinnata* Cav.

Nome comum : Dália

Família : Asteraceae

Hábito : Erva

Período de floração : dezembro - março

Fonte potencial de néctar: Média (FOTO: 30)

Nome botânico : *Tecoma stans* (L.)

Nome comum : Campainhas amarelas

Família : Bignoniaceae

Hábito :Arbusto

Período de floração : fevereiro - abril

Fonte potencial de néctar: Excelente (FOTO: 31)

Nome Botânico : *Tagetes patula* L

Nome comum : Calêndula

Família : Asteraceae

Hábito : Erva

Período de floração : novembro - março

Fonte potencial de néctar: Média (FOTO: 32)

PLATE-8 : ORNAMENTAL

PHOTO-29
Calendula officinalis

PHOTO-30
Dahlia pinnata

PHOTO-31
Tecoma stans

PHOTO-32
Tagetes patula

Nome Botânico : *Dianthus barbatus*

Nome comum : Sweet William

Família : Caryophyllaceae

Hábito : Erva

Período de floração : dezembro - fevereiro

Fonte potencial de néctar: Excelente (FOTO: 33)

Fotografia de atividade no terreno (FOTO: 34)

Nome botânico : *Pongamia pinnata* L.

Nome comum : Karanj

Família : Fabaceae

Hábito : Árvore

Florescer Período: dezembro - março

Fonte potencial de néctar: Excelente (FOTO: 35)

Botânica Nome : *Leucanthemum x superbum* Luther

Nome comumnome : Margarida de Shasta ' White Noite'

Família : Asteraceae

Hábito : Erva

Período de floração : fevereiro - março

Fonte potencial de néctar: Boa (FOTO: 36)

PLATE-9 :ORNAMENTAL

PHOTO-33
Dianthus barbatus

PHOTO-34
Field Activity

PHOTO-35
Pongamia pinnata

PHOTO-36
Leucanthemum x superbum

Nome botânico : *Coreopsis grandiflora* Hogg

Nome comum : Sunfire

Família : Asteraceae

Hábito : Erva

Período de floração : fevereiro - março

Fonte potencial de néctar: Excelente (FOTO: 37)

Nome botânico : *Centaurea cyanus L.*

Nome comum : Cornflower

Família : Asteraceae

Hábito : Erva

Período de floração : fevereiro - março

Fonte potencial de néctar: Excelente (FOTO: 38)

Botânica Nome : *Iberis amaraL*

Nome comumnome : Candytuft

Família : Brassicaceae

Hábito : Erva

Período de floração : dezembro - março

Fonte potencial de néctar: Excelente (FOTO: 39)

Nome botânico : *Delphinium staphisagria L*

Nome comum : Larkspur

Família : Ranunculaceae

Hábito : Erva

Período de floração : fevereiro - março

Fonte potencial de néctar: Média (FOTO: 40)

PLATE-10 : ORNAMENTAL

PHOTO-37
Coreopsis grandiflora

PHOTO-38
Centaurea cyanus

PHOTO-39
Iberis amara

PHOTO-40
Delphinium sp.

Nome botânico : *Salvia splendens* L

Nome comum : Sálvia

Família : Lamiaceae

Hábito : Erva

Período de floração : dezembro - março

Fonte potencial de néctar: Excelente (FOTO: 41)

Nome botânico : *Nerium oleander L.*

Nome comum : Kaner

Família : Apocynaceae

Hábito : Arbusto

Período de floração : fevereiro - março

Fonte potencial de néctar: Média (FOTO: 42)

Nome Botânico : *Erythrina bidwillii Lindl.*

Nome comum : Feijoeiro coral

Família : Leguminàceas

Hábito : Árvore

Período de floração : março - abril

Fonte potencial de néctar: Excelente (FOTO: 43)

Nome botânico : *Coreopsis grandiflora ver. heliot* L

Nome comum : Margarida

Família : Asteraceae

Hábito : Erva

Período de floração : dezembro - março

Fonte potencial de néctar: Boa (FOTO: 44)

PLATE-11 :MEDICINAL PLANTS

PHOTO-41
Salvia splendens

PHOTO-42
Nerium oleander

PHOTO-43
Erythrina bidwillii

PHOTO-44
Coreopsis grandiflora " Heliot "

Nome botânico : *Althea zebrine* L

Nome comum : Zebrina

Família : Malvaceae

Hábito : Erva

Período de floração : janeiro-março

Fonte potencial de néctar: Boa (FOTO: 45)

Nome botânico : *Osteospermum asti* L

Nome comum : Margarida

Família : Asteraceae

Hábito : Erva

Período de floração : dezembro-março

Fonte potencial de néctar: Boa (FOTO: 46)

Nome botânico : *Rosa laevigata* Michx

Nome comum : Cherokee Rose

Família : Rosáceas

Hábito : Arbusto

Período de floração : dezembro - março

Fonte potencial de néctar: Média (FOTO: 47)

Nome Botânico : *Ross sp.*

Nome comum : Rosa

Família : Rosáceas

Hábito : Arbusto

Período de floração : dezembro - fevereiro

Fonte potencial de néctar: Média (FOTO: 48)

PLATE-12: ORNAMENTAL

PHOTO-45
Althea 'zebrina'

PHOTO-46
Osteospermum asti

PHOTO-47
Rosa laevigata

PHOTO-48
Rosa species

Nome botânico : *Althea rosea* L

Nome comum : Malva-rosa

Família : Malvaceae

Hábito : Erva

Período de floração : fevereiro - março

Fonte potencial de néctar: Média (FOTO: 49)

Nome Botânico : *Gaillardia pulchella* Foug.

Nome comum : Flor de roda de fogo

Família : Asteraceae

Hábito : Erva

Período de floração :dezembro- março

Fonte potencial de néctar: Excelente (FOTO: 50)

Nome Botânico : *Canna* sp.

Nome comum : Canna Lily

Família : Cannaceae

Hábito : Erva

Período de floração : fevereiro - abril

Fonte potencial de néctar: Excelente (FOTO: 51)

Nome Botânico : *Gaillardia pulchella* Foug.

Nome comum : Flor de roda de fogo

Família : Asteraceae

Hábito : Erva

Período de floração : dezembro - março

Fonte potencial de néctar: Excelente (FOTO: 52)

PLATE-13: ORNAMENTAL

PHOTO-49
Althea rosea

PHOTO-50
Gaillardia pulchella

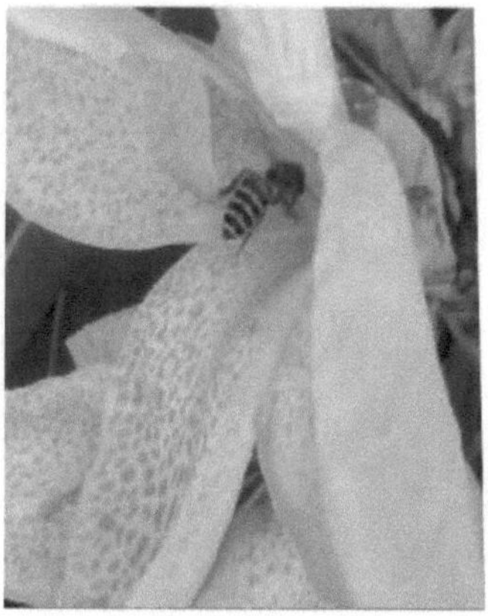

PHOTO-51
Canna ***'Yellow King Humbert'***

PHOTO-52
Gaillardia pulchella

Nome botânico : *Papaver rhoeas* L

Nome comum : Papoila do milho

Família : Papaveraceae

Hábito : Erva

Período de floração : janeiro - abril

Fonte potencial de néctar: Excelente (FOTO: 53)

Nome Botânico : *Cineraria longipes* Moore

Nome comum : Cineraria

Família : Asteraceae

Hábito : Erva

Período de floração : fevereiro - abril

Fonte potencial de néctar: Boa (FOTO: 54)

Nome botânico : *Phlox drummondii* Hook

Nome comum : Phlox

Família : Polemoniaceae

Hábito : Erva

Florescer Período: fevereiro - abril

Fonte potencial de néctar: Boa (FOTO: 55)

Botânica Nome : *Rosa rugosa* Thunb

Nome comum : Rosa

Família : Rosáceas

Hábito : Arbusto

Período de floração : janeiro - abril

Fonte potencial de néctar: Média (FOTO: 56)

PLATE-14: ORNAMENTAL

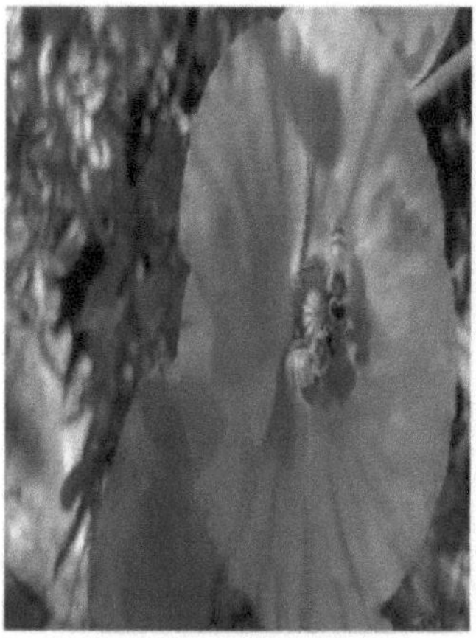

PHOTO-53
Papaver rhoeas

PHOTO-54
Cineraria longipes

PHOTO-55
Phlox drummondii

PHOTO-56
Rosa rugosa

Nome botânico : *Tropaeolum majus* L

Nome comum : Chagas

Família : Tropaeolaceae

Hábito : Erva

Período de floração : fevereiro - abril

Fonte potencial de néctar: Excelente (FOTO: 57)

Nome Botânico : *Rosa majalis* Herrm

Nome comum : Rosa canela

Família : Rosáceas

Hábito :Arbusto

Florescer Período: janeiro - abril

Fonte potencial de néctar: Excelente (FOTO: 58)

Botânica Nome :*Lupinus albus* L

Nome comum : Tremoço

Família : Fabaceae

Hábito : Erva

Florescer Período: fevereiro -abril

Fonte potencial de néctar: Boa (FOTO: 59)

Nome botânico : *Antirrhinum majus* L

Nome comum : Snapdragon

Família : Plantaginaceae

Hábito : Erva

Florescer Período: fevereiro-abril

Fonte potencial de néctar: Bom (FOTO: 60)

PLATE-15 : ORNAMENTAL

PHOTO-57
Tropaeolum majus

PHOTO-58
Rosa majalis

PHOTO-59
Lupinus albus

PHOTO-60
Antirrhinum majus

Nome Botânico : *Amberboa moschata* L.

Nome comum : Sultão doce

Família : Asteraceae

Hábito : Erva

Período de floração : fevereiro - março

Fonte potencial de néctar: Excelente (FOTO: 61)

Botânica Nome : *Xerochrysumbracteatum* (Vent.)

Nome comum : Flor de papel

Família : Asteraceae

Hábito : Erva

Florescer Período: fevereiro - março

Fonte potencial de néctar: Excelente (FOTO: 62)

Nome botânico : *Matthiola incana* (L.)

Nome comum : Estoque

Família : Crucíferas

Hábito : Erva

Período de floração : fevereiro-março

Fonte potencial de néctar: Boa (FOTO: 63)

Nome Botânico : *Lagerstroemia speciosa*

Nome comum : Flor da rainha

Família : Lirtáceas

Hábito : Árvore

Período de floração : abril - maio

Fonte potencial de néctar: Excelente (FOTO: 64)

PLATE- 16 :ORNAMENTAL

PHOTO-61
Amberboa moschata

PHOTO-62
Xerochrysum bracteatum

PHOTO-63
Matthiola incana

PHOTO-64
Lagerstroemia speciose

11. ABELHAS FORRAGEIRAS (PLACA 17-21)

Nome botânico : *Jacaranda mimosifolia* D.Don

Nome comum : Gulmohur azul

Família : Bignoniaceae

Hábito : Árvore

Período de floração : março - abril

Fonte potencial de néctar: Excelente (FOTO: 65)

Nome botânico : *Toona ciliata* M.Roem

Nome comum : Cedro vermelho

Família : Meliaceae

Hábito : Árvore

Período de floração : abril

Fonte potencial de néctar: Boa (FOTO: 66)

Nome Botânico : *Tecoma argentea* Moore

Nome comum : Trombeteira

Família : Bignoniaceae

Hábito : Árvore

Período de floração : abril - maio

Fonte potencial de néctar: Excelente (FOTO: 67)

Nome botânico : *Albizia amara* (Roxb.)

Nome comum : Krishna Siris

Família : Fabaceae

Hábito : Árvore

Período de floração : março - abril

Fonte potencial de néctar: Excelente (FOTO: 68)

PLATE-17 : TREES

PHOTO-65
Jacaranda Mimosifolia.

PHOTO-66
Toona ciliata

PHOTO-67
Tecoma argentea

PHOTO-68
Albizia amara

Botânica Nome : *Albizia saman* Muell

Nome comum nome : Árvore de cana

Família : Fabaceae

Hábito :Árvore

Florescer Período : março-maio

Fonte potencial de néctar: Excelente (FOTO: 69)

Nome botânico : *Sapium sebiferum* L

Nome comum : Sebo chinês

Família : Euphorbiaceae

Hábito : Árvore

Período de floração : março - maio

Fonte potencial de néctar: Excelente (FOTO: 70)

Nome botânico : *Pterospermum acerifolium* (L)

Nome comum : Kanak Champa

Família : Malvaceae

Hábito : Árvore

Período de floração : março- abril

Fonte potencial de néctar: Excelente (FOTO: 71)

Nome Botânico : *Dalberzia sissoo* Roxb.

Nome comum : Sheesham

Família : Fabaceae

Hábito : Árvore

Período de floração : abril - maio

Fonte potencial de néctar: Excelente (FOTO: 72)

PLATE-18 : TREES

PHOTO-69
Albizia saman.

PHOTO-70
Sapium Sebiferum

PHOTO-71
Pterospermum acerifolium

PHOTO-72
Dalbergia sissoo

Nome Botânico : *Psidium guajava* L.

Nome comum : Goiaba

Família : Myrtaceae

Hábito : Árvore

Período de floração : abril - maio

Fonte potencial de néctar: Excelente (FOTO: 73)

Nome Botânico : *Litchi chinensis* Sonn.

Nome comum : Litchi

Família : Sapindaceae

Hábito : Árvore

Período de floração : abril - maio

Fonte potencial de néctar: Excelente (FOTO: 74)

Nome Botânico : *Tecoma* sp.

Nome comum : Sino amarelo

Família : Bignoniaceae

Hábito : Arbusto

Período de floração : março - abril

Fonte potencial de néctar: Excelente (FOTO: 75)

Nome Botânico : *Jatropha integerrima* Jacq.

Nome comum : Peregrina

Família : Euphorbiaceae

Hábito : Árvore

Período de floração : março - abril

Fonte potencial de néctar: Boa (FOTO: 76)

PLATE-19 : TREES

PHOTO-73
Psidium guajava

PHOTO-74
Litchi chinensis,

PHOTO-75
Tecoma sp.

PHOTO-76
Jatropha integerrima

Nome botânico : *Acacia concinna* (Milld.)

Nome comum : Shikakai (árvore do sabão)

Família : Fabaceae

Hábito :Árvore

Período de floração : março - abril

Fonte potencial de néctar: Excelente (FOTO: 77)

Nome Botânico : *Acácia nilotica* (L.)

Nome comum : Árvore de Goma Arábica

Família : Fabaceae

Hábito : Árvore

Período de floração : abril - maio

Fonte potencial de néctar: Boa (FOTO: 78)

Nome Botânico : *Acacia greggii* A. Gray

Nome comum : Acácia-da-índia

Família : Fabaceae

Hábito : Árvore

Período de floração : março - abril

Fonte potencial de néctar: Excelente (FOTO: 79)

Nome botânico : *Prosopis juliflora* (Sw.)

Nome comum : Mesquite (Vilayati Babul)

Família : Fabaceae

Hábito : Árvore

Período de floração : abril - maio

Fonte potencial de néctar: Excelente (FOTO: 80)

PLATE-20 : TREES

PHOTO-77
Acacia concinna

PHOTO-78
Acacia nilotica

PHOTO-79
Acacia catechu

PHOTO-80
Prosopis juliflora

Nome botânico : *Albizia julibrissin* Durazz

Nome comum : Siris cor-de-rosa

Família : Fabaceae

Hábito : Árvore

Período de floração : março - abril

Fonte potencial de néctar: Excelente (FOTO: 81)

Nome Botânico : *Callistemon viminalis* Gaertn

Nome comum : Bottlebrush

Família : Myrtaceae

Hábito : Árvore

Período de floração : março- abril

Fonte potencial de néctar: Excelente (FOTO: 82)

Nome botânico : *Millettia ovalifolia* Ali

Nome comum : Pau-rosa de Moulmein

Família : Fabaceae

Hábito : Árvore

Período de floração : março - abril

Fonte potencial de néctar: Excelente (FOTO: 83)

Nome Botânico : *Acacia flavescens* A. Cunn.

Nome comum : Acácia amarela

Família : Fabaceae

Hábito : Árvore

Período de floração : março - Árvore

Fonte potencial de néctar: Excelente (FOTO: 84)

PLATE-21 :TREES

PHOTO-81
Albizia julibrissin

PHOTO-82
Callistemon viminalis

PHOTO-83
Millettia ovalifolia

PHOTO-84
Acacia flavescens

12. FORRAGEM PARA ABELHAS SELVAGENS (PRATO: 22-25)

Nome botânico : *Argemone mexicana* L

Nome comum : Papoila espinhosa

Família : Papaveraceae

Hábito : Erva

Período de floração : março-maio

Fonte potencial de néctar: Excelente (FOTO: 85)

Nome botânico : *Euchphorbia milii* Moul

Nome comum : Coroa de espinhos

Família : Euphorbiaceae

Hábito : Arbusto

Período de floração : março-abril

Fonte potencial de néctar: Excelente (FOTO: 86)

Nome Botânico *: Lantana camara* L

Nome comum : Lantana

Família : Verbenaceae

Hábito : Arbusto

Período de floração : março - maio

Fonte potencial de néctar: Média (FOTO: 87)

Nome botânico : *Trigonella corniculata* L

Nome comum : Kausri Methi

Família : Fabaceae

Hábito : Erva

Período de floração : março - maio

Fonte potencial de néctar: Excelente (FOTO: 88)

PLATE-22 :WILD

PHOTO-85
Argemone mexicana

PHOTO-86
Euphorbia milii

PHOTO-87
Lantana camara,

PHOTO-88
Trigonella corniculata

Nome botânico : *Alternanthera sessilis* (L)

Nome comum : Erva-de-são-joão

Família : Amaranthaceae

Hábito : Erva

Florescer Período: fevereiro - abril

Fonte potencial de néctar: Boa (FOTO: 89)

Nome botânico : *Oxalis debilis* Kunth

Nome comum : Alazão cor-de-rosa

Família : Oxalidaceae

Hábito : Erva

Período de floração : março- abril

Fonte potencial de néctar: Excelente (FOTO: 90)

Nome botânico : *Trifolium repens* L

Nome comum : Trevo branco

Família : Fabaceae

Hábito : Erva

Período de floração : março- abril

Fonte potencial de néctar: Excelente (FOTO: 91)

Nome botânico : *Jatropha gossyeifolia* L

Designação usual : Arbusto de dor de barriga

Família : Euphorbiaceae

Hábito : Arbusto

Período de floração : março- abril

Fonte potencial de néctar: Média (FOTO: 92)

PLATE-23 : WILD

PHOTO-89
Alternanthera sessilis

PHOTO-90
Oxalis debilis

PHOTO-91
Trifolium repens

PHOTO-92
Jatropha gossypifolia

Botânica Nome : *Ageratum houstonianum* Mill

Nome comum : Erva azul

Família : Asteraceae

Hábito : Erva

Florescer Período :janeiro - abril

Fonte potencial de néctar: Excelente (FOTO: 93)

Botânica Nome: *Argimona maxicana* L

Nome comum : Papoila espinhosa

Família : Papaveraceae

Hábito : Erva

Período de floração : março - maio

Fonte potencial de néctar: Excelente (FOTO: 94)

Botânica Nome : *Calotropis procera* (Aiton)

Nome comum : Aak

Família : Asclepiadaceae

Hábito : Erva

Florescer Período : fevereiro - abril

Fonte potencial de néctar: Excelente (FOTO: 95)

Nome botânico : *Conoclinium coelestinum* (L)

Nome comum : Flor de neblina azul

Família : Asteraceae

Hábito : Erva

Florescer Período : janeiro - março

Fonte potencial de néctar: Excelente (FOTO: 96)

PLATE-24 : WILD

PHOTO-93
Ageratum houstonianum

PHOTO-94
Argemone mexicana

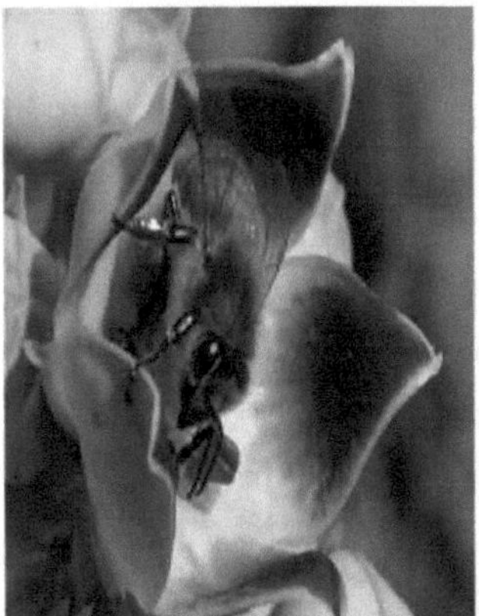

PHOTO-95
Calotropis procera

PHOTO-96
Conoclinium coelestinum

Nome botânico : *Chenopodium album* L

Nome comum : Bathua

Família : Chenopodiaceae

Hábito : Erva

Período de floração : janeiro - abril

Fonte potencial de néctar: Boa (FOTO: 97)

Nome botânico : *Solanum nigrum* L

Nome comum : Makoy

Família : Solanaceae

Hábito : Erva

Período de floração : fevereiro - abril

Fonte potencial de néctar: Boa (FOTO: 98)

Nome Botânico : *Asteriscus* sp.

Nome comum : Moeda de ouro

Família : Asteraceae

Hábito : Erva

Período de floração : janeiro - março

Fonte potencial de néctar: Excelente (FOTO: 99)

Atividade de campo (FOTO: 100)

PLATE-25 : WILD

PHOTO-97
Chenopodium album

PHOTO-98
Solanum nigrum

PHOTO-99
Asteriscus sp.

PHOTO-100
ACTION IN WILD

13. LEGUMES FORRAGEIROS PARA AS ABELHAS (PRATO: 26-28)

Nome Botânico : *Capsicum annuum* L.

Nome comum : Malagueta verde

Família : Solanaceae

Hábito : Erva

Período de floração : março - julho

Fonte potencial de néctar: Boa (FOTO: 101)

Nome Botânico : *Cucumis melo var.flexuosus* (L.)

Nome comum : Kakri

Família : Cucurbitáceas

Hábito : Erva

Período de floração : abril- junho

Fonte potencial de néctar: Excelente (FOTO: 102)

Nome Botânico : *Cucumis sativus* L

Nome comum : Kheera

Família : Cucurbitáceas

Hábito : Erva

Período de floração : abril- agosto

Fonte potencial de néctar: Excelente (FOTO: 103)

Nome botânico : *Momordica charantia* (L)

Nome comum : Karela

Família : Cucurbitáceas

Hábito : Erva

Período de floração : abril - julho

Fonte potencial de néctar: Excelente (FOTO: 104)

PLATE-26 : VEGETABLES

PHOTO-101
Capsicum annuum

PHOTO-102
Cucumis melo var. flexuosus

PHOTO-103
Cucumis sativus

PHOTO-104
Momordica charantia

Nome botânico : *Cucurbita maxima* Duchesne

Nome comum : Kadhu

Família : Cucurbitáceas

Hábito : Erva

Florescer Período : abril - agosto

Fonte potencial de néctar: Excelente (FOTO: 105)

Botânica Nome : *Abelmoschus esculentus*Nome médico.

Nome comum : Bhindi

Família : Malvaceae

Hábito : Erva

Período de floração : abril - agosto

Fonte potencial de néctar: Excelente (FOTO: 106)

Nome botânico : *Luffa aegyptiaca* Mill

Nome comum : Tuari

Família : Cucurbitáceas

Hábito : Erva

Período de floração : maio - agosto

Fonte potencial de néctar: Média (FOTO: 107)

Atividade de campo (FOTO: 108)

PLATE-27 :VEGETABLES

PHOTO-105
Cucurbita maxima

PHOTO-106
Abelmoschus esculentus

PHOTO-107
Luffa aegyptiaca

PHOTO-108
Daucus carota

Botânica Nome :*Daucus carota* L.

Nome comum : Cenoura

Família : Apiaceae

Hábito : Erva

Florescer Período: março- abril

Fonte potencial de néctar: Excelente (FOTO: 109)

Botânica Nome : *Allium cepa*

Nome comum : Cebola

Família : Amaryllidaceae

Hábito : Erva

Período de floração : fevereiro - março

Fonte potencial de néctar: Boa (FOTO 110)

Nome botânico : *Coriandrum sativum* L

Nome comum : Dhania

Família : Apiaceae

Hábito : Erva

Período de floração : fevereiro - março

Fonte potencial de néctar: Excelente (FOTO: 111)

Nome botânico : *Foeniculum vulgare* Mill.

Nome comum : Saunf

Família : Umbelliferaceae

Hábito : Erva

Período de floração : fevereiro - março

Fonte potencial de néctar: Excelente (FOTO: 112)

PLATE- 28 : VEGETABLES

PHOTO-109
Daucos carota

PHOTO-110
Allium cepa

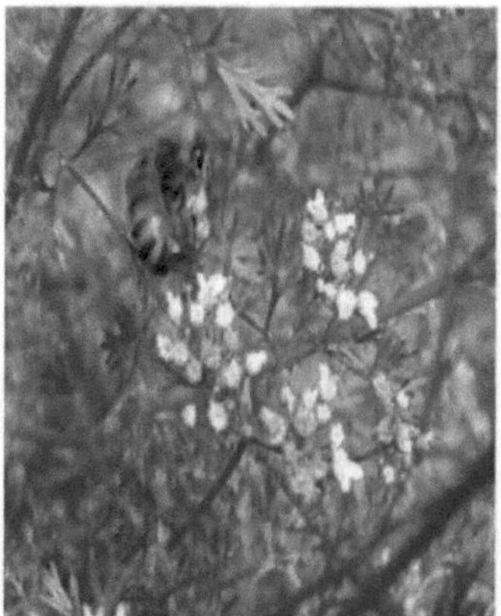

PHOTO-111
Coriandrum sativum

PHOTO-112
Foeniculum vulgare

14. FORRAGEM DAS ABELHAS CIMBERES (PRATO : 29)

Nome Botânico : *Antegonon leptopus*

Nome comum : Trepadeira coral

Família : Polygonaceae

Hábito : Erva

Período de floração: abril-maio

Fonte potencial de néctar: Excelente (FOTO 113)

Nome Botânico : *Campsis radicans*

Nome comum : Trepadeira trompete

Família : Bignoniaceae

Hábito : Erva

Período de floração: abril-maio

Fonte potencial de néctar: Excelente (FOTO 114)

PLATE-29 :CLIMBERS

PHOTO-113
Antigonon leptopus

PHOTO-114
Campsis radicans

15. CULTURA FORRAGEIRA DAS ABELHAS (PRATO : 30)

Nome botânico : *Trifolium alexandrium* L.

Nome comum : Berseem (cultura forrageira)

Família : Fabaceae

Hábito : Erva

Período de floração : fevereiro - março

Fonte potencial de néctar: Excelente (FOTO: 115)

Nome Botânico : *Brassica campestris* L.

Nome comum : Sarson

Família : Crucíferas

Hábito : Erva

Período de floração : fevereiro - março

Fonte potencial de néctar: Excelente (FOTO: 116)

Nome Botânico : *Anethum graveolens* L.

Nome comum : Soja (Dill)

Família : Apiaceae

Hábito : Erva

Período de floração : fevereiro - março

Fonte potencial de néctar: Excelente (FOTO: 117)

Nome Botânico : *Helianthus annuus* L.

Nome comum : Girassol

Família : Asteraceae (Compositae)

Hábito   : Erva

Período de floração : abril - maio

Fonte potencial de néctar: Excelente (FOTO: 118)

PLATE-30 : CROP

PHOTO-115
Trifolium alexandrinum

PHOTO-116
Brassica campestris

PHOTO-117
Anethum graveolens

PHOTO-118
Helianthus annuus

16. PALMA FORRAGEIRA PARA ABELHAS (PRATO :31)

Atividade de campo (FOTO: 119)

Nome botânico : *Phoenix sylvestrs* L

Nome comum : Tamareira selvagem

Família : Arecaceae

Hábito : Árvore

Período de floração : março- abril

Fonte potencial de néctar: Excelente (FOTO: 120)

Nome botânico : *Traphycarpus martianus* (L)

Nome comum : Palmeira de leque

Família : Arecaceae

Hábito : Árvore

Período de floração : abril - maio

Fonte potencial de néctar: Excelente (FOTO: 121)

Nome Botânico : *Beaucarnia guatemalensis* Rose

Nome comum : Palmeira rabo-de-cavalo

Família : Asparagaceae

Hábito : Árvore

Período de floração : abril - maio

Fonte potencial de néctar: Excelente (FOTO: 122)

PLATE -31 : PALMS

PHOTO-119
Phoenix sylvestrs

PHOTO-120
Phoenix sylvestrs

PHOTO-121
T***rachycarpus martianus***

PHOTO-122
Beaucarnia guatemalensis

17. POTENCIAL DA APICULTURA

A produção de mel tem sido o principal objetivo da indústria. A apicultura moderna também inclui a produção de cera de abelha, pólen recolhido pelas abelhas, veneno de abelha, geleia real, própolis, bem como de abelhas de pacote, abelhas rainhas e colónias nucleares. Tudo isto só é possível com uma gestão adequada das abelhas, utilizando os recursos vegetais locais e adaptando-se às condições climáticas locais.

A gestão sazonal das colónias de abelhas varia em diferentes partes do país, embora os métodos básicos de gestão sejam os mesmos. A gestão do fluxo, a gestão da escassez, o fornecimento de alimentação, o controlo e a cura das perturbações das abelhas, das doenças das abelhas, das pragas e dos inimigos são algumas das medidas de rotina para manter as colónias de abelhas saudáveis e fortes. Existem técnicas especiais de gestão, como a criação de rainhas, a migração para a produção de mel ou para a multiplicação de colónias, que o apicultor adopta depois de adquirir conhecimentos e experiência suficientes na gestão de colónias de abelhas.

Estima-se que o consumo atual de mel seja de cerca de 12 g per capita no nosso país, enquanto nos EUA e na Alemanha o consumo per capita é de 4 kg e 6 kg, respetivamente.

Chandigarh tem uma população densa de diferentes tipos de árvores, incluindo espécies indígenas e exóticas. A maior parte das árvores plantadas dá muitas flores durante as diferentes estações do ano e uma grande variedade destas flores é uma fonte rica de néctar. Foram efectuados levantamentos sistemáticos da flora de Chandigarh com o objetivo de examinar a época, a duração e a incidência da floração na flora de Chandigarh. A quantidade e a natureza do néctar produzido por diferentes espécies da flora também foram estudadas, bem como a potencialidade de cada espécie como fonte adequada para a alimentação das abelhas melíferas. O trabalho de investigação foi complementado com ensaios laboratoriais e semi-campo, a fim de efetuar um estudo aprofundado sobre a relação entre a abelha melífera e a flora. A informação recolhida teria sido de grande importância para conhecer a potencialidade total da flora de Chandigarh para a apicultura. Foi recomendado o desenvolvimento de um roteiro para futuras plantações em Chandigarh e áreas circundantes, tendo em conta a produção de néctar, o crescimento rápido e o potencial de sombra das árvores. Propõe-se a realização de um levantamento mais sistemático da flora na cidade de Chandigarh e nos seus arredores, com vista a registar a época e a natureza da floração das árvores indígenas e exóticas e a quantidade de néctar produzido pelas suas flores. As informações recolhidas seriam úteis para conhecer a capacidade total de produção de néctar da flora de Chandigarh, que poderia satisfazer as necessidades das operações de apicultura em rápido desenvolvimento. A informação seria muito benéfica para a plantação de árvores adequadas na futura expansão da cidade.

O conhecimento da flora apícola da região de Chandigarh permite que os apicultores a utilizem ao máximo, de modo a obterem um bom rendimento de mel e de outros produtos apícolas, para além de uma polinização eficaz, que aumenta o rendimento das culturas. Esta região tem o seu próprio fluxo de mel e períodos de escassez floral de curta e longa duração. O conhecimento da flora apícola ajuda a gerir eficazmente as colónias de abelhas durante estes períodos. Para conservar estas floras, deve ser dada atenção à manutenção e à multiplicação da flora existente. As presentes descobertas podem servir para preparar um inventário da flora apícola existente e desenvolver um calendário floral para a região de Chandigarh para futuros trabalhadores no domínio das operações apícolas.

18. BIBLIOGRAFIA

- Abrol DP.(1997) Bees and Bee-Keeping in India, Edn1, Kalyani Publishers, New Delhi :110-130.
- Adhikari S, Ranabhat NB. Bee flora in mid hills of Central Nepal. Botanica Orientalis. Journal of Plant Science 2011; 8:45-56.
- Ciências Agrárias e Ciência do Solo. 2012; 2(1):1-7.
- Atwal AS. Essentials of Beekeeping and Pollination, Edn1, Kalyani Publishers, New Delhi, 2000, 201-218.
- Atwal AS. The world of the Honey Bee, Edn 1, Kalyani Publishers, New Delhi, 2001, 91-95.
- Bhalchandra W, Baviskar RK, Nikam TB. Diversidade de
- Bista S, Shivakoti CP. Honey bee flora at Kabre, Dolakha District. Nepal, Agriculture Research Journal. 2000-2001;4-5:18-25.
- Brodschneider R, Crailsheim K. Nutrition and health in honey bees. Apidologie, 2010; 41:278-294.
- Crailsheim K, Schneider LHW, Hrassnigg N, Bühlmann G, Brosch U *et al.* Consumo e utilização de pólen em abelhas operárias (*Apis mellifera carnica*): dependência da individualidade e da função. J Insect Physiol 1992; 38:409-419.
- Crailsheim K. The Flow of Jelly within a Honeybee Colony (O fluxo de gelatina numa colónia de abelhas). J Comp Physiol B 1992; 162:681-689.
- Crane E, Walker P. Pollination diretory for World Crops. International Bee Research Association, Londres. 1984
- Dalio JS. Atividade forrageira de *Apis mellifera* em *Parthenium hysterophorus*. ISOR Journal of Pharmacy and Biological Sciences. 2013; 7(5):1-4.

- Delaplane KS, Daniel FM. Crop pollination by bees. CABI Publishing, New York http:// www.cabi-publishin. 2000; 352.
- Deodikar GB, Thakar CV. Utilização e melhoria das floras locais como pasto para abelhas. Proc. Escola de outono de Bot. Mahabaleshwar. Dept. Bot, Poona Univ. 1966; 122-128.
- Fluri P, Bogdanov S. Age dependence of fat body protein in summer and winter bees (*Apis mellifera*). Em Eder, J; Rembold,H. (eds) Chemistry and biology of social insects. Verlag JPeperny; Munic, Alemanha, 1987; 170-171.
- JB livre. Insect pollination of crops. Academic press, Londres, 1970; 544.
- G.M. Rao e M.C. Suryanarayana (1990) Studies on foraging behaviour of honeybees and its effect on the seed yield in niger, Indian Bee J. 52, : 31-33.
- G.M. Rao(1991) Estudos sobre a biologia floral e as necessidades de polinização do methi perfumado (Trigonella corniculata linn.), Indian Bee J 53, : 39-43.
- Gallai N, Salles JM, Settele J, Vaissière BE. Avaliação económica da vulnerabilidade da agricultura mundial face ao declínio dos polinizadores. Ecological Economics, 2009; 68(3):810-821.
- Kallapur SK. Bee flora of Karnataka and Kerala. Indian Bee Journal 1959; 2:90-92.
- Keller I, Fluri P, Imdorf A. Pollen nutrition and colony development in honey bees: part II. Bee World, 2005; 86(1):3-10.
- Klein AM, Vaissière BE, Cane JH. Importância dos polinizadores nas paisagens em mudança para as culturas mundiais. Proceedings of the Royal Society B 2007; 274 (1608): 303-313.
- Kohli ,R.K., Arya, K.S., Singh ,H.P. e Dhillon, H.S.(1994) . Tree Diretory of Chandigarh , Edn1, Lovedale Educational Publishers , New Delhi ,:178-192.

- Kohli N, Bee flora of north India. Indian Bee Journal, 1958; 20:113, 132, 150, 178, 192. e 21:7, 61, 83, 106 e 127.
- Kumar ,D. Sharma, V.e Bharti, U. (2015). Mapeamento da flora medicinal como forragem para abelhas. Journal of Entomology and Zoology Studies ,3(6):235-238.
- Kumar ,D. e Bharti, U. (2015). Especialização em nicho tropical de *Butea monosperma* de Chandigarh . Journal of Entomology and Zoology Studies ;3(4):83-85.
- Kumar R, Rajput GS, Mishra RC, Agrawal OP. Um estudo sobre a avaliação da duração do período de escassez para as abelhas melíferas em Haryana, Índia. Munis Entomology & Zoology 2013;8(1):434-437.
- Malik SAK, Algumas plantas nectaríferas importantes e fontes de pólen do estado de Bhopal, Índia Central. Indian Bee Journal, 1948; 10:107.
- Muttoo RN. Bee flora of Jeolikote (i), Indian Bee Journal, 1941; 8:77-78.
- Rahaman Khan A, Nectar and pollen plants of the Punjab, Indian Bee Journal, 1941; 4:32-35.
- Ramchandran, Beekeeping in South India, Govt. press, Madras, 1936.
- Rodinov VV, Shabanshov. The Fascinating world of bees. Mir Publishers, Moscovo (Rússia), 1986.
- S. Harugade and S.Chaphalkar(2013) Floristic studies with reference to Honey bees of Baramati, Pune District International Journal of Advancements in Research & Technology, Volume 2, Issue 8:.178-187.
- S.S. Darshad, J.K. Sharma e P.R. Yadav (1992) foraging speed of insect visitors to the blooms of various cultivars of apple(Malus domestica Borkh), Indian Bee J. 54, : 92-98.
- Sahli HF, Conner JK. Visitação, eficácia e eficiência de 15 géneros de visitantes do rabanete selvagem, *Raphanus raphanistrum* (Brassicaceae).

American Journal of Botany, 2007; 94:203-209.

- Sharma M. Estudos sobre a flor de *Datura stramonium* Linn. Em relação à botânica das abelhas. Journal of Palynology 1972; 8:17-21.

- Sharma PL, Scope of migratory beekeeping in North Western India (Âmbito da apicultura migratória no Noroeste da Índia). Indian Bee Journal 1958; 20:3.

- Shrestha K. Dicionário de nomes de plantas nepalesas. Mandala Book Point, Kathmandu, Nepal, 1998.

- Singh AK, Species of honeybees and their importance (Espécies de abelhas e sua importância). In: R. Singh, Kumari P, Chand H, (eds.) Manual on Honey bee Management. Apiary Unit, Rajendra Agricultural University, Bihar, Pusa, 2000, 20-21.

- Sivaram V. Honey bee flora and beekeeping in Karnataka State, India. Actas do 37° Congresso Apícola Internacional, Apimondia, Durban, África do Sul. 28 de outubro - 1 de novembro de 2001.

- Suryanarayana MC. Honeybee flower relationship. Boletim do Serviço Botânico da Índia 1986; 28(1-4): 55-62.

- Thakur M. Bees as Pollinators - Biodiversity and Conservation (Abelhas como Polinizadores - Biodiversidade e Conservação). Revista Internacional de Investigação em Ciências Agrárias e Ciência do Solo 2012; 2(1):1-7

- Thapa RB, Pokhrel S. Impact of supplement diets on flights of cross breed honeybee (*Apis mellifera* L.). J Inst Agric Anim Sci, 2005; 26:7176.

- V.G. Prasad e A. Verghese (1983) Importance of honeybees in horticultural production, Proc. 2nd Int.Conf.Apic.Trop. Climates, New Delhi, : 590-594.

- Vishwanathan H, A brief report on the possibilities of developing beekeeping in and around Mount Abu. Indian Bee Journal, 1951; 13: 7.

• Zamarlicki CC. Avaliação das plantas de abelhas na Birmânia - Um estudo de caso. Actas do Comité de Peritos da FAO (ONU): 1984, 57-76.

Sobre os autores

O Dr. Dalip Kumar, M.Sc, Ph.D, LL.B. (Panjab University) trabalha como Professor Associado no Departamento de Zoologia, PG Govt. College for Girls, Setor-42, Chandigarh afiliado à Panjab University (INDIA). Tem cerca de 26 anos de experiência de ensino. Foi Diretor da Faculdade de Laticínios, Criação de Animais e Agricultura da Universidade de Panjab, Chandigarh. Tem a seu crédito 27 trabalhos de investigação no domínio da biodiversidade de insectos publicados em revistas nacionais e internacionais.

A Dra. Vineeta Sharma, M.Sc. , Ph.D (Punjab Agriculture University), trabalha como Professora Associada e Diretora no Departamento de Botânica, PG Govt. College for Girls, Setor-42, Chandigarh afiliado à Panjab University. Tem cerca de 30 anos de experiência de ensino. A sua área de especialização é a Fisiologia Endomicorrízica. Orientou três estudantes na sua dissertação de Mestrado em Ecologia e Ambiente e publicou 15 artigos de investigação.

A Sra. Umesh Bharti, M.Sc. ,M.Phil. (Panjab University), trabalha como Professora Associada no Departamento de Zoologia, PG Govt. College for Girls, Setor-11, Chandigarh afiliado à Panjab University (INDIA). Tem cerca de 18 anos de experiência de ensino. A sua área de especialização é a Entomologia Aplicada. É membro cooptado do corpo docente de Laticínios, Criação de Animais e Agricultura da Universidade de Panjab. Publicou 10 artigos de investigação em várias revistas de renome.

Página de rosto:

MIX
Papier aus verantwortungsvollen Quellen
Paper from responsible sources
FSC® C105338

Printed by Books on Demand GmbH, Norderstedt / Germany